**Rassiratou K. BOUNDAOGO**

**Ma cuisine au quotidien**

Rassiratou K. BOUNDAOGO

# Ma cuisine au quotidien

## Livret de recettes

Éditions Vie

**Imprint**



Cover image: Fourni par l'auteur

Publisher:
Éditions Vie
is a trademark of
Dodo Books Indian Ocean Ltd. and OmniScriptum S.R.L publishing group

120 High Road, East Finchley, London, N2 9ED, United Kingdom
Str. Armeneasca 28/1, office 1, Chisinau MD-2012, Republic of Moldova, Europe
Printed at: see last page
**ISBN: 978-3-639-67597-9**

A MA FAMILLE

# SOMMAIRE

# INTRODUCTION

En écrivant ce livret de recette, nous avons voulu grouper la majorité des recettes faites par nous, ou celles, faites sous nos yeux, par nos familles, nos amis, notre entourage, etc.
Notre but étant de vous montrer des méthodes simples et faciles pour réaliser, en général, les plats que nous consommons au quotidien, et ce, avec peu d'ingrédients.

De plus, vu la difficulté de choisir le menu dans de nombreux foyers, ce livret propose un menu au petit déjeuner, au déjeuner, au dîner et même au goûter sur deux semaines que vous pourrez alterner.

Toutes ces recettes ont été décrites d'après nos vues et nos expériences personnelles, et surtout après avoir eu la sanction d'expériences nombreuses. Vous trouverez une grande ressemblance entre la plupart des recettes ; ce qui vous permettra de les mémoriser facilement et de les réaliser en un temps record.

Par la lecture de ce livret, vous découvrirez des recettes savoureuses. Des recettes anciennes, certes ! Mais toujours d'actualité dans les foyers ivoiriens voire africains. Il propose également des recettes plus modernes que vous pourrez aisément concocter à la maison pour vous et pour le bonheur de vos invités.

# Chapitre I : Au petit déjeuner

## 1. Lundi : Spaghetti de Diallo

**Description du plat**

Plat dégusté le plus souvent dans les kiosques, en Côte d'ivoire, le spaghetti de Diallo est un plat fait à base de spaghetti et de rognon sauté.

**Ingrédients pour trois personnes**

1 sachet de spaghetti

1/2 kg de rognon

1 gros oignon

1 tomate

1 cuillère à soupe de tomate concentrée

2 gousses d'ail

Sel-huile-poivre-piment frais- maggi poulet (facultatif)

## Préparation

Etape 1

Mettre de l'eau dans une casserole et porter à ébullition. Dès que l'eau commence à bouillir, renverser le spaghetti, ajouter une pincée de sel et remuer. Laisser bouillir sans couvercle pendant 10 minutes. Égoutter, rincer à l'eau froide pour mettre fin à la cuisson et réserver.

Etape 2

Laver les ingrédients et découper le rognon, l'oignon, la tomate puis râper les gousses d'ail.

Etape 3

Mettre le rognon dans une marmite et ajouter une pincée de sel, une pincée de poivre, de cube, d'ail et quelques tranches d'oignons. Remuer et déposer sur un feu moyen, puis couvrir et laisser sécher l'eau du rognon.

Etape 4

Ajouter de l'huile dans la marmite et frire les morceaux de rognon pendant 2 minutes. Mettre l'ail et remuer pendant 5 secondes, ajouter l'oignon et remuer pendant 10 secondes, puis la tomate et la tomate concentrée. Remuer le tout pendant 1 minute.

N.B : Mettre ingrédient par ingrédient, permet à chacun de dégager librement sa saveur.

Etape 4

Ajouter un demi- verre d'eau, du sel, une bonne pincée de poivre, le reste du cube et le spaghetti. Remuer, fermer et laisser les pâtes s'imprégner des ingrédients à feu doux pendant 10 minutes.

Etape 5

Goûter pour rectifier l'assaisonnement et laisser encore 5 minutes.
Servir avec du pain.

## 2. Mardi: Baca de mil

### Description du plat

Le "baca" de mil, en langue malinké, est une bouillie faite à base de mil. Elle est beaucoup consommée pendant le mois de jeûne musulman.

### Ingrédients pour 3 personnes

1 bol de grains de mil
(déjà prêt à la cuisson)
1 poignée de tamarin
2 citrons

**Préparation**

Etape 1

Dans une marmite, mettre environ 2 litres d'eau, couvrir et déposer sur un feu vif.

Etape 2

Une fois que l'eau commence à bouillir, renverser progressivement le mil en remuant.
Remuer régulièrement pour éviter que la bouillie ne verse ou ne colle au fond de la marmite.

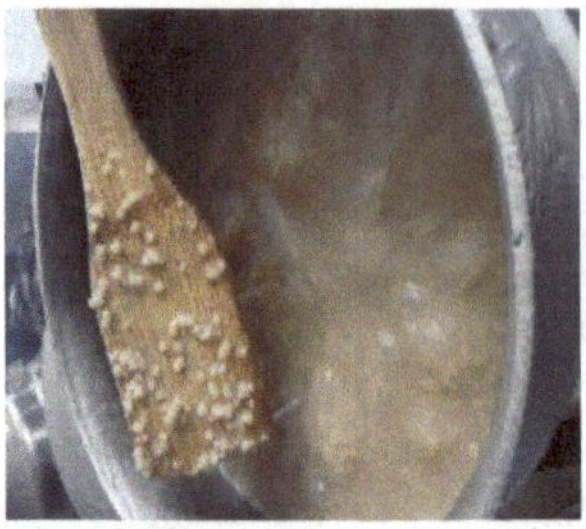

Etape 3

Broyer délicatement le tamarin dans de l'eau avec la main. Puis tamiser le jus obtenu et le citron dans la bouillie. Laisser bouillir sans couvercle et remuer régulièrement pendant 15 à 20 minutes.

Etape 4

Quand la bouillie devient onctueuse, ajouter du sucre et déguster chaud ou tiède.

## 3. Mercredi : Mon petit pois

**Description du plat**

C'est un sauté de petit pois au rognon.

**Ingrédients pour 3 personnes**

1 boîte de petit pois

1/2 kg de rognon

2 gros oignons

1 tomate

1 cuillère à soupe de concentré de tomates

Sel-huile-poivre-ail-piment frais-maggi tablette (facultatif)

## Préparation

Etape 1

Renverser le petit pois dans une passoire pour enlever toute l'eau et réserver. Découper grossièrement la tomate, les piments, le rognon, les oignons en lamelles et râper une gousse d'ail.

Etape 2

Mettre le rognon dans une marmite et ajouter une pincée de sel, une pincée de poivre, de cube, d'ail et quelques oignons. Remuer et déposer sur un feu moyen ; puis couvrir et laisser sécher l'eau du rognon.

Etape 3

Ajouter de l'huile dans la marmite et frire les morceaux der rognon pendant 2 minutes. Mettre l'ail et remuer pendant 5 secondes, ajouter l'oignon et remuer 10 secondes, puis la tomate et la tomate concentrée. Remuer ensuite le tout et laisser une minute.

Etape 4

Ajouter un demi- verre d'eau, le petit pois, du sel, une pincée de poivre, le reste du cube et laisser fermer pendant 10 minutes.

Etape 5

Goûter pour rectifier l'assaisonnement et servir avec du pain et du café chaud.

## 4. Jeudi : coco baca

### Description du plat

Le coco baca, en langue malinké, est une bouillie faite à base de maïs fermenté.

**Ingrédients pour 3 personnes**

1 kg de maïs

Une poignée de gingembre

2 piments secs

3 poivres longs

Une demi-cuillère à café de poivre long

**Préparation**

Etape 5

Laver le maïs et le tremper dans un récipient contenant de l'eau pendant 3 jours.

Etape 5

Verser l'eau et bien rincer le maïs avec une autre eau propre, le troisième jour. Puis Ajouter le gingembre, les piments, les poivres et piler le tout au moulin.

Etape 5

Utiliser une poignée de la poudre obtenue pour former des grains et réserver.

Etape 5

Délayer le reste de la poudre dans de l'eau et tamiser. Fermer et laisser encore une nuit.

Etape 5

Le matin, prélever un demi-verre d'eau du mélange et mettre dans une casserole. Ajouter 1 litre d'eau et porter à ébullition.

Etape 5

Dès que l'eau commence à bouillir, ajouter les grains préalablement formés. Laisser bouillir 10 minutes.

Etape 5

Incliner le récipient, prendre environ 6 cuillères à soupe de la pâte de maïs au fond du récipient et la délayer dans une petite quantité d'eau.

N.B : Le reste du maïs fermenté peut être conservé pendant 4, voire 7 jours et être réutilisé de la même façon.

Etape 5

Verser progressivement dans la casserole en remuant. Et laisser cuire 10 minutes.

Etape 5

Servir tiède ou chaud avec du sucre.

## 5. Vendredi : Pancake simple

**Description du plat**

C'est un pancake facile à réaliser et fait à base de peu d'ingrédients.

**Ingrédients pour 3 personnes**

1 tasse de farine de blé

2 œufs

1 tasse de lait liquide

1 petite louche d'huile

1 sachet de levure chimique

Sucre- sel- sucre valiné

## Préparation

Etape 1

Casser les œufs dans un bol. Ajouter le sucre et le sucre valiné.

Etape 2

Battre le tout en rajoutant progressivement le lait liquide, puis l'huile.

N.B : Si vous n'avez pas de lait liquide, alors délayez 3 cuillères à soupe de lait en poudre dans une tasse d'eau.

Etape 3

Tamiser la farine et la levure, puis rajouter au mélange. Mettre une pincée de sel et battre pour obtenir une pâte lisse et pas trop liquide

Etape 4

Beurrer légèrement une poêle, de préférence antiadhésive, et la faire chauffer sur un feu moyen.
Récupérer une louche de la pâte et la renverser au milieu de la poêle.

Etape 5

Une fois qu'apparaît des bulles au-dessus, retourner et laisser cuire l'autre face pendant 30 secondes.
Retirer le premier pancake et répéter l'action jusqu'à épuisement de la pâte.

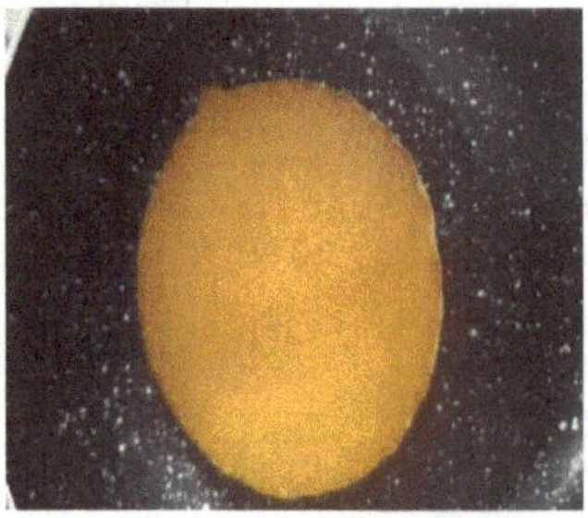

Etape 6

Servir avec du café ou du lait chaud.

## 6. Samedi : Pain de Karelle au chocolat

**Description du plat**

Le pain de Karelle au chocolat est un pain à la poêle revisité, fourré au chocolat.

**Ingrédients pour 3 personnes**

1 tasse de farine

3 cuillères à soupe de yaourt nature

2 cuillères à soupe de sucre

2 cuillères à soupe d'huile

1 cuillère et demie de levure boulangère

1/4 verre d'eau tiède

1 petite pincée de sel

4 cuillères à soupe de chocolat

## Préparation

Etape 1

Mettre dans un bol, la farine, le yaourt, le sucre, l'huile, la levure et l'eau tiède. Bien mélanger le tout et ajouter le sel.

Etape 2

Bien pétrir la pâte jusqu'à ce qu'elle soit compacte et molle. La couvrir avec un torchon et laisser pousser pendant 1 heure.

Etape 3

Récupérer la pâte et la découper en 4 morceaux.

Aplatir chacune d'elles, y mettre une cuillère à soupe de chocolat et refermer.

Etape 4

Essuyer l'intérieur d'une poêle avec une goutte d'huile. La faire chauffer sur un feu moyen et frire les pains 2 minutes de chaque côté.

Etape 5

Servir avec du lait chaud.

## 7. Dimanche : Omelette à 2 pommes

**Description du plat**

Ce plat est un mélange d'œufs, de pommes de terre et de quelques ingrédients. Il est cuit sous la forme d'un gâteau à la poêle.

**Ingrédients pour 3 personnes**

2 œufs

2 pommes de terre

1/2 Oignon

1/2 tomate

Piment-poivre-sel-huile-cube (facultatif)

## Préparation

Etape 1

Éplucher, laver et découper les pommes de terre en petits dés. Les mettre dans une marmite contenant de l'eau et les faire cuire pendant 10 minutes.

Etape 2

Égoutter les pommes cuites dans une passoire et réserver.

Etape 3

Casser les œufs dans un bol, ajouter les oignons et les tomates découpés en dés. Puis, du sel, du cube maggi poulet, du poivre et le piment frais découpé.

Battre le tout. Ajouter les pommes de terre et mélanger.

Etape 4

Dans une poêle antiadhésive, mettre 3 cuillères à soupe d'huile et déposer sur le feu. Quand l'huile est bien chaude, verser le mélange dans la poêle sur un feu doux pendant 10 minutes.

Etape 5

Retourner l'omelette pour cuire l'autre face pendant 5 minutes.

N.B : Si c'est difficile de la retourner, alors fermer la poêle avec une assiette bien plate, retourner ensuite la poêle. L'omelette se retrouve retournée dans l'assiette, glisser délicatement dans la poêle pour faire cuire l'autre côté.

Etape 6

Servir avec du pain et de la mayonnaise.

# Chapitre II : Au déjeuner

## Semaine 1

### 1. Lundi : Sauce graine

**Description du plat**

La sauce graine est une sauce préparée à partir de la pulpe des graines du palmier à huile. Elle est consommée en Afrique de l'ouest avec soit du riz, du foutou soit du placali, en Côte d'ivoire.

**Ingrédients pour 6 personnes**

1 boite de graines de palme

1 botte de feuilles de borombourou

3 aubergines blancs

1 kg de queue de bœuf fumé

1 poisson mangne fumé

2 gros oignons, 4 gousses d'ail

1 tomate

Piment frais-poivre-adjuevan-sel-

cubes (facultatif)

## Préparation

Etape 1

Bien laver tous les ingrédients et réserver. Mettre les graines dans une marmite avec une bonne quantité d'eau et porter à ébullition, pendant 40 minutes.

Etape 2

Une fois les graines cuites, bien les piler dans un mortier.

Etape 3

Renverser ensuite la pâte obtenue dans de l'eau tiède et bien remuer. Puis, extraire le jus à l'aide d'une passoire dans une marmite.

N.B : S'il y a encore de la pâte sur les graines, les rincer dans de l'eau une fois de plus. Et faire passer dans une passoire pour augmenter la quantité de jus dans la marmite. Plus on a de jus, mieux c'est. Car cette sauce met assez de temps pour cuire.

Déposer la marmite sans couvercle sur un feu vif et mettre la viande.

Etape 4

N.B : Avec couvercle, le jus risque de verser en cours de cuisson. Cette sauce peut également se faire avec du poisson fumé. Il faudra, dans ce cas, mettre les poissons en fin de cuisson et laisser mijoter 20 minutes.

Etape 5

Pendant ce temps, faire cuire les feuilles de borombourou dans de l'eau bouillante, écraser, puis réserver.
N.B : les feuilles dans cette sauce ont été une magnifique découverte avec ma belle-mère.

Etape 6

Éplucher les aubergines, râper les gousses d'ail et écraser le poisson ou mangne fumé.

Etape 7

Quand la sauce commence à bouillir, ajouter les aubergines, les oignons, les piments et l'ail. Puis, laisser bouillir pendant 20 minutes.

Etape 8

Retirer tous les légumes, écraser, rajouter dans la sauce. Ajouter le borombourou, l'adjuevan, le mangni fumé broyé à la main, le poivre, le sel, un cube crevette.

Laisser bouillir à feu moyen pendant 1 heure.

Etape 9

Goûter, rectifier l'assaisonnement et laisser à feu doux, pendant 10 minutes.

Servir avec du riz chaud ou du foutou.

## 2. Mardi : Sauce tomate

**Description du plat**

La sauce tomate, comme son nom l'indique, est une sauce faite à base de tomates fraîches, et de quelques légumes. Elle est généralement dégustée avec du riz blanc.

## Ingrédients pour 6 personnes

1 kg de tomates fraîches

1 kg de viande fumé

3 oignons

4 gousses d'ail

1 petite courgette

1 aubergine noire

3 cuillères à soupe de pâte de tomates

1 poivron

1 botte de feuilles d'oignons

Adjuevan-piment-huile-sel-poivre-cube(facultatif)

## Préparation

Etape 1

Bien nettoyer et laver les ingrédients. Découper la courgette et l'aubergine en deux, puis découper 3 oignons en 4.

Etape 2

Dans une marmite, mettre les oignons, la courgette, l'aubergine, les piments frais et les tomates au-dessus. Recouvrir le tout d'eau et porter à ébullition pendant 15 minutes.

N.B : Il ne faut surtout pas mettre les tomates au fond de la casserole, pour éviter qu'elles ne cuisent trop et se décomposent. Il faut veiller à ce que l'eau ne recouvre pas totalement les tomates. L'eau doit rester juste au niveau de l'aubergine et du piment.

Etape 3

Retirer tous les ingrédients, ajouter un demi-verre d'eau et écraser. Râper l'autre oignon, les gousses d'ail, piler les feuilles d'oignons et le poivron.

Etape 4

Déposer une marmite au feu. Ajouter au moins deux louches d'huile. Quand l'huile est chaude, mettre l'ail et remuer 5 secondes. Rajouter l'oignon et remuer 5 secondes, puis le mélange feuilles d'oignons et poivron. Remuer et rajouter la pâte de tomates. Remuer le tout régulièrement pendant 2 minutes.

Etape 5

Renverser les ingrédients écrasés dans la marmite.

Mettre ensuite, la viande, 2 verres d'eau, une demi-cuillère à café de poivre, du sel, l'adjuevan, un cube poulet ou un cube crevette, puis remuer.

Fermer et laisser mijoter à feu moyen, pendant 30 minutes, en remuant régulièrement pour éviter que la sauce ne colle au fond de la marmite.

Etape 6

Quand la sauce devient épaisse, goûter, rectifier l'assaisonnement et laisser à feu doux, pendant 15 minutes.

Etape 7

Servir avec du riz chaud.

## 3. Mercredi : Sauce aubergine

**Description du plat**

Faite avec de petites aubergines et de apki, la sauce aubergine est consommée, en Côte d'ivoire, avec du riz blanc, du foutou banane ou d'igname et même du foufou.

**Ingrédients pour 6 personnes**

1 bol de petites aubergines

Du poisson fumé

2 oignons

3 grosses tomates

1 poignée de apki

2 gousses d'ail

2 cuillères à soupe de pâte de tomates

1 poisson mangne fumé

Adjuevan-piment-huile-sel-cube maggi (facultatif)

## Préparation

Etape 1

Bien nettoyer et laver les ingrédients. Râper ou hacher un oignon et les gousses d'ail. Mettre ensuite, les aubergines dans une marmite contenant de l'eau et porter à ébullition pendant 20 minutes. Égoutter et réserver.

Etape 2

Pendant ce temps, griller ou frire les apki dans une marmite chaude à sec, sans huile, sans eau. Une fois dorée, retirer, écraser et réserver.

Etape 3

Dans une marmite sur un feu moyen, mettre de l'huile et ajouter l'ail, quand l'huile devient chaude. Remuer 5 secondes ; puis mettre l'oignon haché et remuer 10 secondes. Ajouter la pâte de tomates et remuer le tout pendant 1 minute.

Etape 4

Mettre de l'eau, les tomates, l'oignon entier, les piments frais. Fermer et laisser bouillir pendant 15 minutes.

N.B : Bien mesurer la quantité d'eau, selon qu'on veuille une sauce épaisse ou liquide. Et tenir compte de l'eau qu'on mettra dans les aubergines au moment de les écraser.

Etape 5

Retirer les tomates, l'oignon, quelques piments et ajouter aux aubergines, puis écraser.

Ajouter ensuite, le apki dans la sauce et laisser bouillir 2 minutes.

Etape 6

Renverser la pâte obtenue dans la marmite et remuer. Ajouter l'adjuevan, une demi- cuillère à soupe de poivre, le sel, le mangne fumé écrasé à la main, un cube poulet ou un cube crevette.

Laisser bouillir sans couvercle pendant 15 minutes.

Ajouter les poissons fumés et laisser mijoter 20 minutes, sans couvercle.

Etape 7

Goûter, rectifier l'assaisonnement et laisser encore à feu doux 5 minutes.

Etape 8

Servir avec du foutou banane, du foufou ou du riz chaud.

## 4. Jeudi : sauce pistache

**Description du plat**

Cette sauce est préparée de différentes manières en Côte d'ivoire, au Cameroun, au Nigéria...avec des accompagnements différents.

**Ingrédients pour 4 personnes**

1 pot de pâte de pistache

1/2 poulet fumé

2 oignons

3 tomates

3 cuillères de pâte de tomates

3 gousses d'ail

Huile-poivre-piment frais-cube poulet (facultatif)

## Préparation

Etape 1

Bien nettoyer et laver les ingrédients.
Découper le poulet puis râper les gousses d'ail et un demi oignon.

Etape 2

Déposer une marmite sur un feu moyen, avec deux cuillères à soupe d'huile. Une fois que l'huile est chaude, mettre l'ail et remuer 5 secondes, puis l'oignon râpé et remuer 5 secondes. Ajouter la pâte de tomate et remuer.

Etape 3

Délayer la pâte de pistache dans une petite quantité d'eau, environ 33cl, et renverser dans la marmite. Remuer et laisser bouillir 5 minutes.

Etape 4

Ajouter environ 2 L d'eau, les tomates, le reste des oignons, les piments frais, les morceaux de poulet. Et laisser bouillir sans couvercle, pendant 20 minutes.

Etape 5

Retirer les légumes, écraser et remettre dans la sauce. Ajouter les morceaux de poulet, une demi cuillère à café de poivre, du sel, un cube poulet ou un cube crevette. Laisser mijoter 20 minutes.

N.B : Si l'on utilise un poulet difficile à cuire, comme le poulet africain, il faudrait le laisser cuire 15 minutes de plus.

Etape 6

Goûter, rectifier l'assaisonnement et laisser à feu doux 10 minutes.
Servir avec du riz chaud ou du foutou banane.

## 5. Vendredi : Sauce Djoumblé

**Description du plat**

C'est une sauce consommée en Côte d'ivoire, le plus souvent au centre du pays. Elle est faite généralement à base de poudre de gombos secs.

**Ingrédients pour 6 personnes**

1 bol de djoumblé ou de petits gombos secs

1 kg de queue de boeuf fumé

1 Mangne fumé ou hareng fumé

1 oignon et une tomate

2 gousses d'ail

1 cuillère à soupe de pâte de tomates

2 louches d'huile rouge

Piment-adjuevan-poivre-sel-cube (facultatif)

## Préparation

Etape 1

Bien nettoyer et laver les ingrédients.
Râper ou hacher l'oignon et l'ail.
Puis découper la tomate.

Etape 2

Dans une marmite, sur un feu moyen, mettre l'huile rouge. Une fois chaude, ajouter l'ail, remuer 5 secondes, ajouter l'oignon et remuer 5 secondes. Puis la tomate concentrée et la tomate. Remuer et laisser 1 minute.

Etape 3

Ajouter de l'eau, les morceaux de viande, le djoumblé, les piments frais, l'adjuevan et le mangne broyé à la main. Fermer et laisser bouillir 40 minutes à 1 heure, pour que la viande cuise bien.

Etape 4

Quand le djoumblé est bien ramolli, le retirer, bien écraser et renverser dans la sauce. Remuer, mettre le poivre, le sel, un cube poulet ou un cube crevette. Laisser mijoter sans couvercle pendant 20 minutes sur un feu moyen.

N.B : Cette façon de cuisiner le djoumblé le rend très délicieux par rapport au djoumblé en poudre.

Etape 5

Goûter, rectifier l'assaisonnement et laisser à feu doux 5 minutes.

Servir avec du riz chaud, du foutou banane, du placali ou du to.

## 6. Samedi : Riz gras

**Description du plat**

Le riz gras est un plat beaucoup consommée, en Côte d'ivoire, pendant les fêtes. On en trouve, également, dans les restaurants sénégalais sous le nom de "thiéboudiène".

**Ingrédients pour 4 personnes**

1 kg de riz

1/2kg de poulet

1 oignon

3 gousses d'ail

1 poivron

1 petite botte de feuilles d'oignons

1 chou

2 carottes

1 aubergine violet

Huile-piment-poivre-sel-pâte de tomates-cube maggi (facultatif)

## Préparation

Etape 1

Laver le riz, égoutter dans une passoire et réserver.

Ensuite, bien nettoyer et laver les autres ingrédients. Râper ou hacher les gousses d'ail et l'oignon.

Piler poivron, piment frais feuilles d'oignons ensemble. Découper en 4, le chou, l'aubergine, une carotte et l'autre carotte en rondelles.

Etape 2

Découper le poulet et les mettre dans une marmite. Ajouter une pincée de sel, de poivre et de cube puis bien remuer. Déposer la marmite fermée, sur un feu moyen pendant 5 minutes.

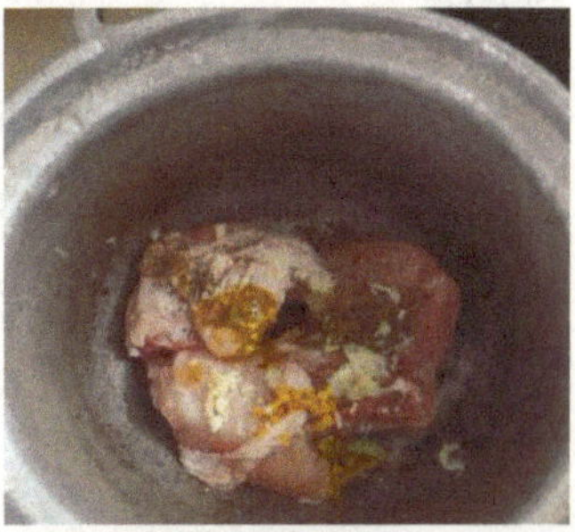

Etape 3

Ajouter un verre d'eau et laisser bouillir 10 minutes. Retirer les morceaux de poulet et réserver son jus.

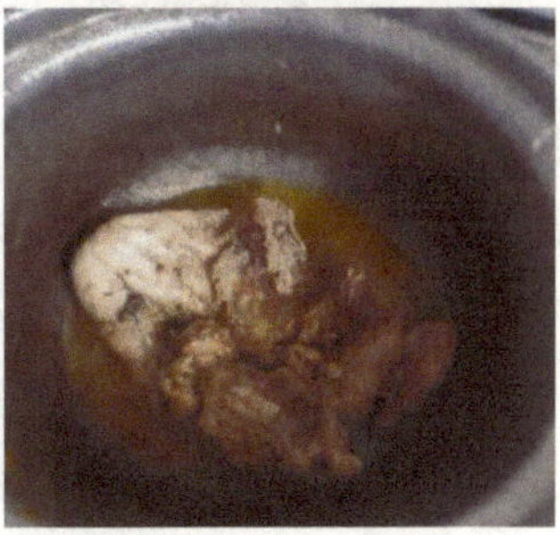

Etape 4

Mettre deux louches d'huile dans la marmite et déposer sur le feu. Quand l'huile est chaude, frire les morceaux de poulet jusqu'à ce qu'ils soient dorés. Les retirer de l'huile et réserver.

Etape 5

Mettre l'ail dans l'huile, remuer 5 secondes, ajouter l'oignon, remuer 10 secondes, puis le mélange poivron, piment et feuilles d'oignons, remuer 5 secondes. Mettre ensuite une cuillère à soupe de tomates concentré et remuer. Ajouter une cuillère à café de poivre, du sel, 2 cubes poulet, et frire ou griller le tout pendant 2 minutes.

Etape 6

Rajouter le jus ou bouillon de poulet et de l'eau. Puis, les choux, les aubergines et les carottes découpées en 4.

N.B : Pour 2 verres de riz, il faut 2 verres d'eau. Mais il faut ajouter un demi-verre d'eau qui servira à faire cuire les légumes.

Etape 7

Déposer la passoire contenant le riz sur la marmite. Couvrir d'un sachet et d'un couvercle pour précuire le riz à la vapeur.

Puis, laisser cuire les légumes environ 15 minutes.

Etape 8

Séparer les grains de riz à l'aide d'une fourchette ou une spatule. Retirer les légumes cuits et réserver.

Etape 9

Renverser le riz et les carottes en rondelles dans la marmite, bien remuer, goûter, rectifier l'assaisonnement et fermer. Laisser bouillir 10 minutes.

Etape 10

Bien remuer à nouveau, couvrir le riz avec un sachet et fermer avec le couvercle de la marmite. Laisser à feu doux 15 minutes.

Etape 11

Vérifier la cuisson et laisser 5 à 10 minutes de plus.
Déguster avec les légumes et le poulet.

## 7. Dimanche : Sauce Gouagouassou

**Description du plat**

Cette sauce du peuple Baoulé, en Côte d'ivoire, est faite d'un mélange de petites aubergines et de gombos frais.

**Ingrédients pour 6 personnes**

1 bol de petites aubergines
1 bol de gombos frais
1 kg de viande fumée
1 mangne fumé
1 oignon
1 tomate
2 gousses d'ail
2 cuillères à soupe de tomates concentré
Adjuevan-poivre-piment-huile-sel-cube (facultatif).

**Préparation**

Etape 1

Laver les aubergines et porter à ébullition dans de l'eau pendant 20 minutes, égoutter et réserver.

Etape 2

Pendant ce temps, nettoyer et laver les ingrédients. Râper ou hacher l'ail et un demi oignon.

Etape 3

Dans une marmite, mettre 2 cuillères à soupe d'huile et déposer sur un feu moyen. Une fois chaude, ajouter l'ail, remuer 5 secondes, ajouter l'oignon râpé, remuer 5 secondes. Puis mettre la tomate concentrée et remuer le tout 10 secondes.

Etape 4

Ajouter de l'eau, environ 2 litres. Puis, la viande, la tomate, la moitié de l'oignon, les piments frais, les gombos, le mangne fumé écrasé à la main et l'adjuevan. Fermer et laisser bouillir 20 minutes.

Etape 5

Retirer les gombos, écraser et réserver. Retirer les tomates, l'oignon et les piments puis mélanger aux aubergines préalablement cuites et écraser.

Etape 6

Mettre la pâte obtenue dans le gombo. Bien mélanger le tout et renverser dans la sauce.

Etape 7

Remuer, ajouter une demi-cuillère à café de poivre, du sel, un cube poulet ou un cube crevette. Et laisser mijoter sans couvercle pendant 20 minutes.

Etape 8

Goûter rectifier l'assaisonnement et laisser à feu doux pendant 5 minutes.
Servir avec du riz, du foutou igname ou du foutou banane.

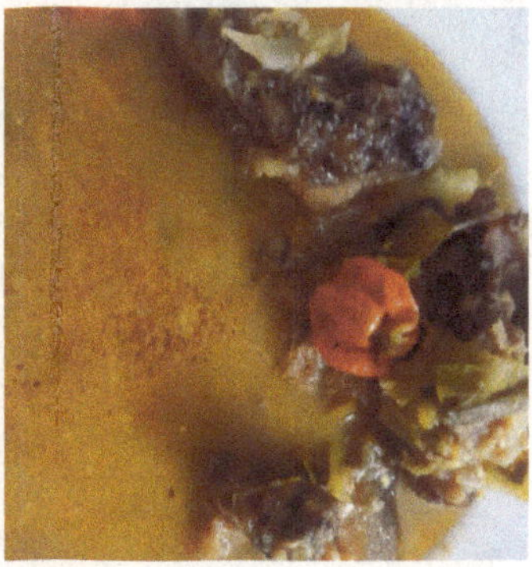

## Semaine 2

### 8. Lundi : Sauce feuilles

**Description du plat**

Comme son nom l'indique, la sauce feuilles est une sauce faite avec un mélange de plusieurs feuilles différentes ; dont les feuilles de patate, d'épinards, etc.

Elle est généralement consommée avec du riz blanc.

## Ingrédients pour 6 personnes

1 botte de feuilles de patate

1 botte de feuilles d'épinards

1 botte de feuilles de borombourou

1 poignée de gombos

Du poisson fumé

1 mangne fumé

2 oignons

1 tomate

2 gousses d'ail

1 poivron

1 botte de feuilles d'oignons

2 cuillères à soupe de tomates concentrés

1 cuillère à soupe de soumara

4 louches d'huile rouge

Adjuevan-poivre-piment-sel-cube maggi (facultatif)

## Préparation

Etape 1

Bien nettoyer et laver tous les ingrédients.
Découper les feuilles, les gombos, les oignons et les tomates en dés. Râper les gousses d'ail puis piler le poivron et les feuilles d'oignons.

Etape 2

Mettre de l'eau dans une casserole et la déposer sur un feu vif. Quand l'eau commence à bouillir, ajouter les feuilles et laisser cuire 10 minutes. Égoutter et réserver.

Etape 3

Déposer une marmite sur un feu moyen. Mettre l'huile rouge. Une fois chaude, ajouter l'ail, remuer 5 secondes, ajouter ensuite l'oignon, remuer 5 secondes, puis ajouter le poivron et les feuilles d'oignons, remuer encore 5 secondes et mettre la tomate et la tomate concentrée. Remuer le tout 2 minutes. Et ajouter 2 verres d'eau.

Etape 4

Renverser les feuilles et les gombos dans la marmite. Mettre l'adjuevan, le mangne fumé broyé à la main, le soumara, une demi-cuillère à café de poivre, du sel, les piments frais, un cube poulet ou un cube crevette.

Etape 5

Remuer le tout, couvrir et laisser à feu moyen pendant 20 minutes. Remuer régulièrement pour éviter que les feuilles ne brûlent au fond de la marmite.

N.B : Il faut également faire attention en remuant ; et ne pas racler le fond de la marmite. Car, les feuilles collent naturellement le fond de la marmite et la sauce pourrait sentir le brûlé.

Etape 6

Ajouter les poissons, fermer et laisser mijoter 20 minutes de plus.

Goûter, rectifier l'assaisonnement et laisser à feu doux pendant 5 minutes.

Une fois que l'huile remonte à la surface, c'est prêt.

Etape 7

Servir avec du riz chaud.

## 9. Mardi : Nandji

**Description du plat**

"Nandji" en langue Malinké, est une sauce claire constituée essentiellement de légumes.

**Ingrédients pour 4 personnes**

1 petit chou

1 petite courgette

2 carottes

1 aubergine noire

2 oignons

3 tomates

3 cuillères à soupe de pâte de tomates

2 gousses d'ail

Du poisson frais

Poivre-piment-huile-sel-cube maggi (facultatif)

**Préparation**

Etape 1

Nettoyer et laver les ingrédients.
Faire frire le poisson découpé dans de l'huile bien chaude et réserver.

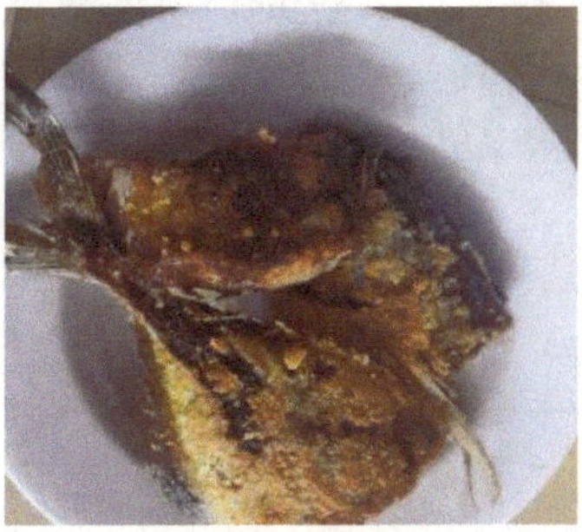

Etape 2

Pendant ce temps, râper un oignon et les gousses d'ail. Découper l'aubergine et une carotte en 4. Découper l'autre carotte et la moitié du chou en dés. Puis, diviser la courgette et la moitié du chou en deux morceaux.

Etape 3

Mettre 3 cuillères à soupe d'huile dans une marmite, sur un feu moyen. Ajouter l'ail, remuer 5 secondes, ajouter l'oignon râpé, remuer 5 secondes puis mettre la pâte de tomates et remuer le tout pendant 2 minutes.

Etape 4

Mettre environ 2 litres d'eau et ajouter l'oignon, les tomates, la courgette, le chou, l'aubergine, les carottes, les piments frais. Puis laisser bouillir 20 minutes.

Etape 5

Retirer l'oignon, les tomates, la courgette, les piments et écraser. Rajouter la pâte obtenue dans la sauce.

Ajouter une demi- cuillère à café de poivre, du sel, un cube poulet ou un cube crevette, puis les poissons frits. Laisser mijoter 20 minutes, sans couvercle.

Etape 6

Goûter, rectifier l'assaisonnement et laisser à feu doux pendant 10 minutes. Servir avec du couscous ou du riz.

## 10. Mercredi : Copê

### Description du plat

"Copê" en Baoulé est une sauce épaisse et gluante faite avec du gombo frais et/ou du pklala (Lalo).

**Ingrédients pour 4 personnes**

1 bol de gombos

1 botte de feuilles de pklala

4 crabes frais

1/2 kg de viande fumé

1 oignon

2 gousses d'ail

1 tomate

1 cuillère à soupe de tomates concentrées

1 cuillère à café de soumara moulu

2 louches d'huile rouge

Adjuevan-piment-poivre-sel

cube maggi (facultatif)

**Préparation**

Etape 1

Nettoyer et laver les ingrédients. Enlever les extrémités des gombos et râper. Bien piler les feuilles de pklala. Râper ou hacher l'oignon et les gousses d'ail, puis découper la tomate en dés.

Etape 2

Faire bouillir environ 1 litre d'eau dans une casserole. Mettre le gombo et le pklala. Bien remuer le tout, fermer et laisser bouillir 5 minutes.

Etape 3

Battre le tout jusqu'à l'obtention d'une texture gluante. Laisser, ensuite, mijoter, à feu moyen, sans couvercle pendant 10 minutes. Battre à nouveau et réserver.

Etape 3

Déposer une marmite sur un feu moyen. Mettre l'huile rouge et laisser chauffer. Ajouter l'ail, remuer 5 secondes, ajouter l'oignon, remuer 5 secondes puis mettre la tomate, la pâte de tomates et remuer le tout pendant 2 minutes.

Etape 3

Mettre environ 2 litres d'eau dans la marmite. Mettre la viande, les crabes, les piments, l'adjuevan, le poivre, le sel, le soumara et un cube maggi crevette ou poulet. Couvrir et laisser la viande cuire 30 à 40 minutes.

Etape 4

Renverser le gombo dans la sauce et remuer le tout. Goûter, rectifier l'assaisonnement et laisser mijoter 10 minutes.

N.B : Diminuer la quantité de sauce avant de renverser le gombo. Ainsi l'on pourra mieux contrôler la consistance du copê, selon qu'on le veuille plus épaisse ou non.

Cette sauce peut se faire, également, avec du poisson fumé. Dans ce cas, il faudra prendre le soin de retirer les poissons au moment de renverser le gombo et bien remuer avant de les rajouter. Cela évitera de les écraser.

Etape 5

Servir avec du placali, du cabato ou du foutou igname.

## 11. Jeudi : Bawin

**Description**

Le "Bawin" est une spécialité de l'ouest de la Côte d'ivoire, plus précisément du peuple Yacouba. Il est obtenu en faisant cuire des feuilles de manioc dans le jus des graines du palmier à huile.

**Ingrédients pour 6 personnes**

3 bottes de feuilles de manioc

1 boite de graines de palm

1 kg de viande fumée

1 mangne fumé

2 oignons

2 tomates

3 gousses d'ail

Adjuevan-piment-sel-poivre-cube (facultatif)

## Préparation

Etape 1

Bien nettoyer tous les ingrédients et piler les feuilles jusqu'à obtenir une pâte lisse, réserver.

Etape 2

Faire cuire les graines sur un feu vif pendant 35 minutes.
Piler les graines cuites dans un mortier. Délayer la pâte dans de l'eau chaude et tamiser dans une marmite.

Etape 3

Déposer la marmite sur un feu vif sans couvercle. Quand le jus commence à bouillir, mettre la viande, les oignons, les tomates, les gousses d'ail râpés, les piments frais et l'adjuevan. Laisser bouillir 20 minutes.

Etape 4

Retirer les oignons, les tomates, quelques piments frais et écraser pour rajouter à la sauce.

Etape 5

Mettre les feuilles pilées, remuer et ajouter le mangne fumé broyé à la main. Ajouter une demi-cuillère à café de poivre, du sel, un cube poulet ou un cube crevette. Laisser bouillir à feu moyen pendant 45 minutes tout en remuant régulièrement.

Etape 6

Laisser la sauce devenir épaisse, goûter, rectifier l'assaisonnement et laisser sur un feu doux pendant 5 minutes.

Servir avec du riz chaud.

## 12. Vendredi : Sauce arachide

**Description du plat**

La sauce arachide est faite à base de pâte d'arachide et peut être mangée avec du riz blanc ou du foutou banane.

**Ingrédients pour 6 personnes**

1 bol de pâte d'arachide

1 poulet africain

2 oignons

3 tomates

3 gousses d'ail

2 cuillères à soupe de tomates concentrées

Piment-poivre-huile-sel-apki-cube maggi (facultatif)

## Préparation

Etape 1

Griller ou frire les apki dans une marmite chaude à sec, sans huile, sans eau. Retirer, écraser et réserver.

Etape 2

Nettoyer et laver les ingrédients. Râper les gousses d'ail et un demi oignon, puis découper le reste d'oignons en 2 morceaux. Délayer la pâte d'arachide dans une petite quantité d'eau, environ 0,5 litre.

Etape 3

Mettre les morceaux de poulet dans une marmite. Ajouter une pincée de sel et de poivre. Mélanger, fermer et déposer sur un feu moyen pendant 5 minutes.

Etape 4

Renverser le poulet et son bouillon dans une cuvette. Ensuite, remettre la marmite au feu, avec 3 cuillères à soupe d'huile. Une fois que l'huile est chaude, ajouter l'ail, remuer 5 secondes ; ajouter l'oignon râpé, remuer 5 secondes et ajouter la pâte de tomates. Bien remuer puis mettre les morceaux de poulet et son jus. Remuer encore une fois, fermer et laisser 1 minute.

Etape 5

Renverser la pâte d'arachide et remuer régulièrement pendant 10 minutes, jusqu'à ce que l'huile remonte.

Etape 6

Ajouter environ 2 litres d'eau, les oignons les tomates, les piments frais. Laisser bouillir 20 minutes sans couvercle. Surveiller régulièrement pour éviter que la sauce ne verse lors de l'ébullition.

Etape 7

Retirer l'oignon, les tomates, quelques piments et écraser. Rajouter la pâte obtenue dans la marmite.

Mettre ensuite, le apki, une demi cuillère à café de poivre, du sel, un cube poulet ou un cube crevette puis laisser mijoter 40 minutes à feu moyen, sans couvercle.

Etape 8

Goûter, rectifier l'assaisonnement et laisser sur un feu doux pendant 10 minutes.

Servir avec du riz chaud ou du foutou banane.

## 13. Samedi : Soumara à l'oignon

**Description du plat**

Le soumara est beaucoup consommé dans le Nord de la Côte d'ivoire en général. Il est soit utilisé comme épice soit comme ingrédient de base d'une recette pour accompagner le riz blanc.

**Ingrédients pour 4 personnes**

5 cuillères à soupe de soumbara

3 gros oignons

Du poisson fumé

1 tomate

1 gousse d'ail

2 aubergines

Piment-poivre-huile-sel-cube(facultatif)

## Préparation

Etape 1

Laver les ingrédients. Découper grossièrement la tomate, les aubergines, les oignons en lamelles et hacher l'ail.

Etape 2

Dans une marmite, mettre 6 cuillères à soupe d'huile et déposer sur un feu moyen. Quand l'huile chauffe, ajouter l'ail, les oignons, remuer et fermer pendant 2 minutes. Puis ajouter la tomate et remuer.

Etape 3

Mettre les poissons, le soumara, les piments frais, les aubergines, le sel, une bonne pincée de poivre, un demi-cube tablette.

Ajouter 2 louches d'eau, remuer le tout puis fermer et laisser sur un feu doux pendant 10 minutes.

Etape 4

Goûter, rectifier l'assaisonnement et laisser encore 10 minutes.

Etape 5

Servir avec du riz chaud.

## 14. Dimanche : Sauce Dah

**Description du plat**

C'est une sauce faite avec le mélange de feuilles de dah (ou d'oseille) et de la pâte d'arachide.

**Ingrédients pour 6 personnes**

1 bol de pâte d'arachide

1 botte de dah

Du poisson fumé

1 mangne fumé

2 oignons

2 tomates

2 gousses d'ail

2 cuillères à soupe de tomates concentrées

Adjuevan-piment-poivre-huile-sel-cube (facultatif)

**Préparation**

Etape 1

Enlever les feuilles de dah sur la tige et bien laver. Déposer une marmite contenant de l'eau sur le feu. Quand l'eau commence à bouillir, mettre les feuilles et laisser sans couvercle pendant 10 minutes. Égoutter, écraser et réserver.

Etape 2

Nettoyer et laver également les autres ingrédients. Râper les gousses d'ail et un demi oignon. Broyé le mangne fumé et délayer la pâte d'arachide dans une petite quantité d'eau.

Etape 3

Déposer une marmite sur un feu moyen et mettre 4 cuillères à soupe d'huile. Une fois que l'huile est chaude, ajouter l'ail, remuer 5 secondes ; ajouter l'oignon râpé, remuer 5 secondes, ajouter la pâte de tomates et remuer le tout 1 minute. Puis renverser la pâte d'arachide.

Etape 4

Laisser griller en remuant régulièrement pendant 10 minutes jusqu'à ce que l'huile remonte.

Etape 5

Ajouter 2 litres d'eau, les oignons les tomates, les piments frais, le mangne fumé et l'adjuevan. Laisser bouillir 20 minutes sans couvercle.
Vérifier régulièrement la cuisson pour éviter que la sauce ne verse.

Etape 5

Retirer l'oignon, les tomates, quelques piments et écraser. Rajouter la pâte obtenue dans la marmite et remuer. Mettre les feuilles écrasées, une demi cuillère à café de poivre, du sel, un cube poulet ou un cube crevette puis laisser mijoter 20 minutes.

Etape 6

Ajouter ensuite les poissons fumés et laisser mijoter 15 minutes de plus.

Etape 7

Goûter, rectifier l'assaisonnement et laisser sur un feu doux pendant 5 minutes.

Servir avec du riz chaud.

# Chapitre III : Au dîner

## La pâte de piment pour grillades et autres

**Ingrédients**

1 bol de piment frais

1 tomate

1 oignon

Ail-sel-poivre-cube (facultatif)

## Préparation

Etape 1

Nettoyer et laver les ingrédients.

Mettre les piments et l'oignon dans une casserole contenant de l'eau. Porter le tout à ébullition pendant 20 minutes.

Etape 2

Retirer ensuite les piments et l'oignon, ajouter la tomate, l'ail et écraser.

Renverser la pâte obtenue dans une petite marmite. Ajouter une pincée de sel, une demi-cuillère à café de poivre et un demi-cube tablette. Fermer puis déposer sur un feu moyen pendant 10 minutes.

Etape 3

Laisser refroidir et renverser dans un bol en plastique pour conserver au réfrigérateur ou au congélateur.

N.B : Avant chaque utilisation, enlever du congélateur et laisser décongeler. Servir la quantité nécessaire et l'arroser d'huile chaude.

## Semaine 1

### 1. Lundi : Gombos grillés

**Description du plat**

Le gombo frit dans de l'huile rouge se consomme avec du riz blanc, sur tout le territoire ivoirien.

**Ingrédients pour 3 personnes**

1 bol de gombos frais

½ kg de viande de bœuf

2 louches d'huile rouge

1 oignon

2 petites tomates

2 gousses d'ail

1 cuillère à soupe de feuilles d'oignon et poivron écrasés

4 piments frais

Sel-poivre-cube (facultatif)

## Préparation

Etape 1

Nettoyer et laver les ingrédients.

Faire chauffer l'huile rouge dans une marmite.

Frire la viande découpée en petits dés jusqu'à ce qu'elle soit dorée.

Etape 2

Pendant ce temps, découper les gombos, les tomates et l'oignon en dés, puis hacher l'ail.

Etape 3

Ajouter l'ail dans la marmite ; remuer et mettre l'oignon puis remuer encore 5 secondes ; et ajouter la tomate concentrée et celle découpée en dés. Remuer une fois de plus et laisser une minute.

Etape 4

Mettre ensuite les gombos, les piments frais, le poivre, du sel, un cube maggi poulet et un quart de verre d'eau.

Bien mélanger le tout, fermer et laisser cuire 30 minutes en remuant toutes les 10 minutes.

Etape 5

Goûter pour rectifier l'assaisonnement et servir avec du riz chaud.

## 2. Mardi : Salade de pomme-avocat

**Description du plat**

Cette salade est faite à base de pommes de terre précuites, d'avocat et de crudités.

**Ingrédients pour 3 personnes**

2 pommes de terre

2 avocats

3 œufs

2 tomates

2 carottes

1 concombre

1/2 chou

1 oignon

Huile-poivre-sel-citron-mayonnaise

**Préparation**

Etape 1

Nettoyer et laver les ingrédients. Découper les pommes de terre en petits dés. Et faire cuire les pommes et les œufs dans de l'eau pendant 15 minutes.
Egoutter et réserver.

Etape 2

Découper un quart de l'oignon, la tomate, le concombre et la carotte en rondelles, pour la décoration.
Découper en petits dés le reste d'oignon, de tomates, de concombre, de carottes, le chou et les avocats.

Etape 3

Dans un bol, presser le jus de 2 citrons, une demi-cuillère à café de poivre et du sel. Bien remuer. Ajouter ensuite, 2 bonnes cuillères à soupe de mayonnaise et 2 jaunes d'œuf. Mélanger à nouveau et mettre 3 cuillères à soupe d'huile puis remuer le tout et réserver.

Etape 4

Dans un saladier, mettre la pomme de terre, tous les légumes découpés en dés et l'avocat. Mélanger délicatement.

Etape 5

Servir avec la petite sauce et du pain.
N.B : cette sauce peut être faite avec du vinaigre à la place du citron.

## 3. Mercredi : Soupe de viande

**Description du plat**

C'est un bouillon de viande fraiche de bœuf, qui peut être accompagné de riz blanc ou d'attiéké.

**Ingrédients pour 4 personnes**

1 kg de viande de bœuf

2 oignons

3 tomates

2 cuillères à soupe de tomates concentrées

2 gousses d'ail

1 poignée piment frais

Poivre-huile-sel-cube (facultatif)

## Préparation

Etape 1

Nettoyer et laver les ingrédients. Découper la viande. Râper ou hacher les gousses d'ail et un demi-oignon.

Etape 2

Mettre la viande dans une marmite. Ajouter une pincée de poivre et de sel. Mélanger, fermer et déposer sur un feu moyen pendant 5 minutes.
Ajouter l'ail, l'oignon râpé et la pâte de tomates. Remuer le tout et mettre 3 cuillères à soupe d'huile. Laisser fermer 5 minutes de plus.

Etape 3

Mettre environ 1,5 litres d'eau et ajouter les oignons découpés en 4, les tomates et les piments frais. Refermer la marmite et laisser les légumes cuire pendant 15 minutes.

Etape 4

Retirer les légumes, écraser et remettre dans la sauce.
Mettre le sel, une demi- cuillère à café de poivre, un cube poulet, remuer le tout, puis laisser mijoter 30 minutes à feu moyen.

Etape 5

Goûter, rectifier l'assaisonnement et laisser sur feu doux pendant 5 minutes.
Servir avec du riz chaud ou de l'attiéké.

## 4. Jeudi : Soupe de poissons

**Description du plat**

Ce plat est un bouillon épicé de mâchoirons frais d'eau douce, qui peut se manger avec du riz blanc ou de l'attiéké.

**Ingrédients pour 4 personnes**

4 mâchoirons frais d'eau douce

2 oignons

3 tomates

2 gousses d'ail

1 poignée de piment frais

2 cuillères à soupe de tomates concentrées

Huile-poivre-sel- cube (facultatif)

## Préparation

Etape 1

Nettoyer et laver les ingrédients. Râper ou hacher les gousses d'ail et un demi- oignon.

Etape 2

Faire chauffer de l'huile dans une marmite, environ 6 cuillères à soupe. Ajouter l'ail, remuer 5 secondes, ajouter l'oignon râpé, remuer 5 secondes et ajouter la pâte de tomates. Remuer le tout et laisser 1 minute.

Etape 3

Mettre environ 1 litre d'eau. Remuer et ajouter les tomates, l'oignon et les piments. Fermer et laisser bouillir 15 minutes à feu moyen.

Etape 4

Retirer les tomates, l'oignon, quelques piments, écraser et renverser dans la sauce.

Ajouter le sel, une demi-cuillère à café de poivre, un cube poulet et laisser bouillir.

Ajouter ensuite, les poissons et laisser mijoter 15 minutes, sans couvercle.

Etape 5

Goûter, rectifier l'assaisonnement et laisser sur un feu doux pendant 5 minutes.

Servir avec de l'attiéké ou du riz.

## 5.Vendredi : Couscous façon riz gras

**Description du plat**

Le couscous est directement incorporé dans le bouillon des légumes et de la viande. Il est cuisiné comme le riz au gras.

**Ingrédients pour 3 personnes**

1 bol de couscous

½ kg de viande

½ oignon et une tomate

2 carottes

½ chou et ½ courgette

1 cuillère à soupe du mélange feuilles d'oignon-poivron

1 cuillère à soupe de tomates concentrées

Huile-poivre-piment-sel-ail-cube (facultatif)

Etape 1

Nettoyer et laver les ingrédients. Découper la viande, saler, poivrer et la frire dans de l'huile chaude jusqu'à ce qu'elle soit bien dorée. Pendant ce temps, râper l'oignon et les gousses d'ail ; découper ensuite la courgette, la tomate et une carotte en 4 puis l'autre en rondelles.

Etape 2

Mettre l'ail, remuer. Ajouter l'oignon, remuer et mettre la pâte de tomates puis le mélange feuilles d'oignon-poivron. Remuer le tout et laisser 1 minute.

Etape 3

Ajouter environ 1 litre d'eau, les légumes, une demi-cuillère à café de poivre, du sel et un cube poulet. Fermer et laisser cuire 15 à 20 minutes, à feu moyen.

Etape 4

Goûter, rectifier l'assaisonnement ; retirer les morceaux de viande et les légumes avec une louche du jus, sauf les carottes découpées en rondelles et réserver.

Etape 5

Renverser progressivement le couscous dans la marmite, en remuant. Bien refermer, éteindre le feu et attendre 10 minute.

N.B : Mesurer la quantité de jus avant d'ajouter le couscous.

Pour un bol de couscous, il faut le même bol d'eau plus le quart pour cette recette. Sinon, lire le mode de cuisson sur l'emballage du couscous.

Etape 6

Ouvrir la marmite et bien remuer avec une fourchette pour séparer les grains.

Servir avec les légumes et arroser du petit jus des légumes.

## 6. Samedi : Poulet au four, crudités ou poulet braisé

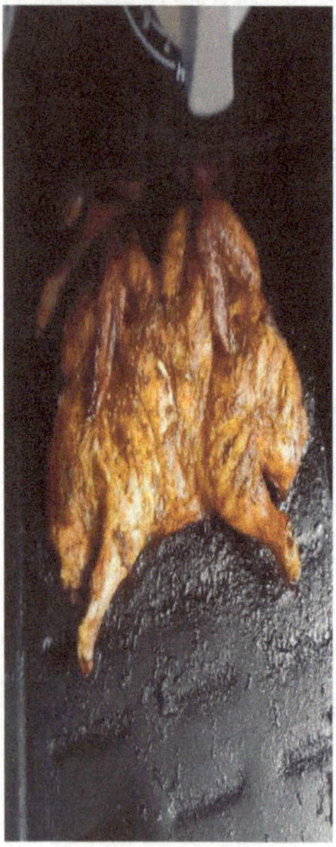

**Description des plats**

Le poulet au four et le poulet braisé sont marinés ou assaisonnés avec presque les mêmes ingrédients. Cependant, ils sont respectivement cuits au four et sur du charbon ou de la braise. Ce qui donne un goût particulier à chaque poulet.

## a. Crudités

**Ingrédients**

1 concombre

1 oignon

1 tomate

1/4 de chou

2 piments frais

Huile-sel-mayonnaise-vinaigre

## Préparation

Etape 1

Nettoyer et laver les ingrédients. Ensuite, découper en petits dés, la tomate, le concombre, avec ou sans la peau. Puis, le chou, les piments, et l'oignon en fines lamelles.

Etape 2

Mettre le tout dans une assiette. Ajouter une cuillère à café de vinaigre, une cuillère à soupe d'huile, du sel et une bonne cuillère à soupe de mayonnaise.

Etape 3

Mélanger et servir avec de l'attiéké.

## b. Poulet au four

### Ingrédients pour 4 personnes

1 poulet

1 poivron

1 petite botte de feuilles d'oignons

2 gousses d'ail

1/2 oignon

1 cuillère à café de poivre

1 cuillère à café de pâte de tomates

1/2 cuillère à café de piment en poudre

1 citron mûr

1 cuillère à soupe de moutarde

Huile-sel-cube (facultatif)

## Préparation

Etape 1

Nettoyer et laver les ingrédients. Ensuite, fendre le dos du poulet, le retourner et faire des incisions sur tout le poulet.

L'arroser avec le citron et une demi-cuillère à café de sel. Bien imbiber et masser tout le poulet, puis réserver.

Etape 2

Piler le poivron et les feuilles d'oignons. Râper l'oignon et les gousses d'ail. Les mettre tous dans un bol. Ajouter le poivre, le piment, la pâte de tomates, la moutarde, une pincée de sel, une cuillère à soupe d'huile et un cube maggi tablette. Bien mélanger le tout.

Etape 3

Masser le poulet avec la marinade. En mettre dans les incisions, sous la peau, partout. Laisser reposer 30 minutes, au réfrigérateur, de préférence.

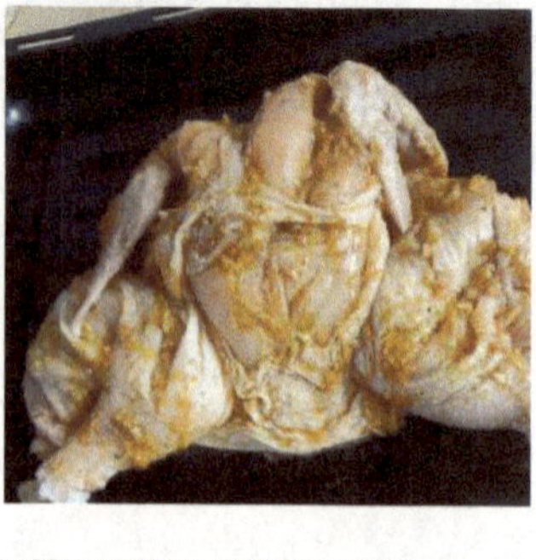

Etape 4

Déposer le poulet sur la plaque et enfourner dans un four préchauffé à 200 degré, pendant environ 1h30 minutes.

N.B : Si c'est un four à gaz, le préchauffer pendant 10 à 15 minutes.

Etape 5

Récupérer le reste de la marinade dans le bol où il a été mariné et ajouter une demi-louche d'eau. Arroser le poulet avec ce jus, pendant la cuisson, jusqu'à épuisement.

Vérifier la cuisson chaque 15 minutes. Si la plaque est trop sèche, mettre de l'eau dans la plaque, autour du poulet, sans la verser directement sur le poulet.

N.B : il peut être cuit directement sur la grille avec la plaque en dessous.

Etape 6

N.B : Plus le poulet est gros, plus il faut du temps pour le cuire.

Servir avec des crudités, de la pâte de piment et de l'attiéké ou de l'alloco.

## c. Poulet braisé

### Ingrédients pour 4 personnes

1 poulet

1 poivron

1 petite botte de feuilles d'oignons

2 gousses d'ail

1/2 oignon

1 cuillère à café de poivre

1 cuillère à café de pâte de tomates

1/2 cuillère à café de piment en poudre

1 citron mûr

1 cuillère à soupe de moutarde

Huile-sel-cube (facultatif)

**Préparation**

Etape 1

Nettoyer et laver les ingrédients. Ensuite, fendre le dos du poulet, le retourner et faire des incisions sur tout le poulet. Arroser le poulet avec le citron et une demi-cuillère à café de sel. Bien imbiber et masser tout le poulet avec le jus du citron, puis réserver.

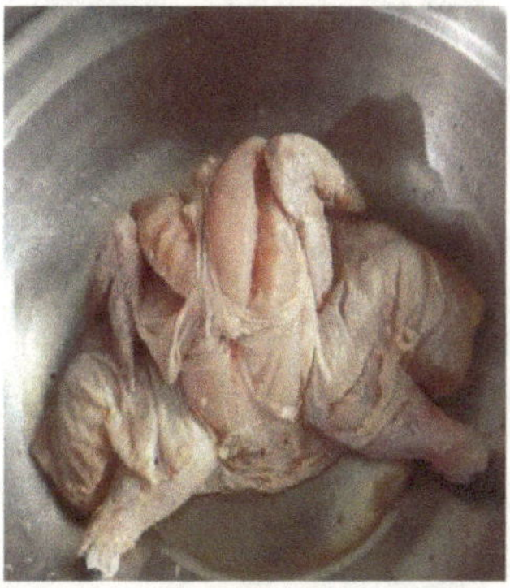

Etape 2

Piler le poivron et les feuilles d'oignons. Râper l'oignon et les gousses d'ail. Les mettre tous dans un bol. Ajouter le poivre, le piment, la pâte de tomates, la moutarde, une pincée de sel, une cuillère à soupe d'huile et un cube maggi tablette. Bien mélanger le tout.

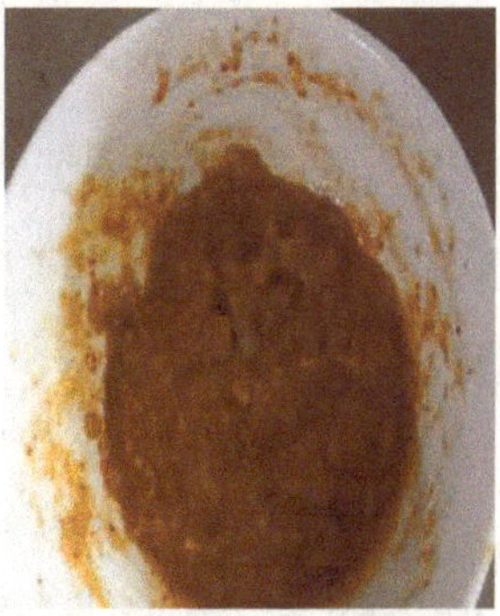

Etape 3

Masser le poulet avec la marinade. En mettre dans les incisions, sous la peau, partout. Laisser reposer 30 minutes, au réfrigérateur, de préférence.

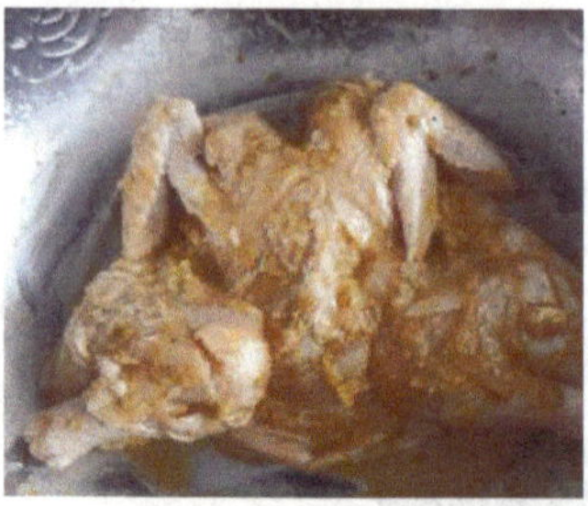

Etape 4

Mettre 2 verres d'eau dans une marmite et y mettre le poulet. Fermer et le précuire pendant 15 à 20 minutes sur un feu moyen.

Etape 5

Essuyer une grille avec de l'huile, pour éviter que la peau du poulet ne s'y accroche.

Retirer le poulet, le mettre sur la grille et poser le tout sur des braises dans un fourneau.

N.B : Veiller à ce que le feu ne soit pas trop vif. S'il s'enflamme au cours de la cuisson, l'arroser légèrement d'eau pour éteindre la flamme.

Etape 6

Récupérer le jus ou le bouillon du poulet dans la marmite. Ce jus va permettre d'arroser le poulet au cours de la cuisson.

Etape 7

Retourner le poulet chaque 5 minutes pendant environ 30 minutes. Une fois retourné, arroser ce côté avec le bouillon pendant que l'autre côté cuit sur la braise, jusqu'à l'épuisement du jus ; ce qui va permettre au poulet de rester bien juteux.

Etape 8

Servir avec des crudités, de la pâte de piment et de l'attiéké ou de l'alloco.

## 7. Dimanche : Soupe de carpes frits

**Description du plat**

Comme son nom l'indique, ce plat est un bouillon de carpes frits.

Il se mange avec du riz blanc ou de l'attiéké.

**Ingrédients pour 4 personnes**

2 carpes

2 oignons

3 tomates

2 gousses d'ail

1 poignée de piment frais

2 cuillères à soupe de tomates concentrées

Huile-poivre-sel- cube (facultatif)

## Préparation

Etape 1

Nettoyer et laver les ingrédients. Râper ou hacher les gousses d'ail et un oignon.

Etape 2

Faire chauffer de l'huile dans une marmite. Mettre l'ail et remuer 5 secondes ; ajouter les oignons découpés, remuer et laisser 10 secondes. Puis, la tomate concentrée ; remuer une fois de plus et laisser le tout 1 minute.

Etape 3

Mettre environ 1,5 litres d'eau. Remuer et ajouter les tomates, l'oignon et les piments. Fermer et laisser bouillir 20 minutes à feu moyen.

Etape 4

Retirer les tomates, l'oignon, quelques piments, écraser, et mettre dans la sauce.
Ajouter le sel, une demi-cuillère à café de poivre, un cube poulet et laisser bouillir.

Etape 5

Ajouter ensuite les poissons et laisser mijoter 15 minutes, sans couvercle.
Goûter, rectifier l'assaisonnement et laisser sur un feu doux pendant 5 minutes.

Etape 6

Servir avec du riz ou de l'attiéké.

## Semaine 2

### 1. Lundi : Étouffé de poissons

**Description du plat**

C'est un bouillon de carpes frais, fait avec essentiellement des légumes et très peu d'eau. Il est fait avec la marmite hermétiquement fermée.

**Ingrédients pour 2 personnes**

1 carpe

1 gros oignon découpé en dés

1 grosse tomate découpée en dés

2 gousses d'ail découpées

1 poignée de piments frais découpés

Huile-poivre-sel- cube (facultatif)

**Préparation**

Etape 1

Bien nettoyer le poisson, le saler légèrement et réserver.

Etape 2

Mettre tous les légumes dans un bol. Ajouter une cuillère à café de poivre, une pincée de sel, un cube tablette et mélanger le tout.

Etape 3

Renverser la moitié des légumes dans une marmite, étaler et disposer les poissons dessus. Recouvrir les morceaux de poisson du reste des légumes. Et ajouter une louche d'eau dans la marmite, en veillant à ne pas la verser directement sur les légumes ou le poisson.

Fermer et déposer sur un feu moyen pendant 15 minutes.

Etape 3

Secouer la marmite pour remuer ; goûter pour rectifier l'assaisonnement et laisser 2 à 5 minutes sur un feu doux.

Servir avec de l'attiéké ou du riz.

## 2. Mardi : Benga au poulet yassa

**Description du plat**

Le moui ni benga, signifie riz aux haricots en langue Moré au Burkina. Et le poulet yassa est un plat typique du Sénégal.

**Ingrédients pour 3 personnes**

1/4 kg de riz

1/2 kg de haricots blanc

1/2 poulet

1 poivron

1 petite botte de feuilles d'oignons

3 gousses d'ail

3 oignons

1 cuillère à café de poivre

3 cuillères à soupe de moutarde

1/2 cuillère à café de piment en poudre

Huile-sel-cube poulet (facultatif)

Du jus de citron/ 3 citrons mûrs

**Préparation**

Etape 1

Laver et mettre le haricot dans une casserole contenant environ 3 litres d'eau et une pincée de sel. Laisser bien cuire pendant environ 1 heure 30 minutes.

Etape 2

Ajouter le riz et remuer le tout. Réduire ou rajouter la quantité d'eau, si nécessaire, pour faire cuire le riz.

Fermer et laisser à feu doux pendant 20 minutes.

Etape 3

Pendant que le haricot est en train de cuire, laver tous les ingrédients. Piler le poivron et les feuilles d'oignons. Râper un quart d'oignon et les gousses d'ail.

Etape 3

Découper ensuite le poulet et le mettre dans une cuvette. Ajouter un ail et l'oignon râpés, une cuillère à soupe de moutarde, du jus de citron, l'équivalent d'un citron et demi; une bonne pincée de poivre, de cube, de sel, le piment en poudre, une cuillère à soupe du mélange poivron et feuilles d'oignons.

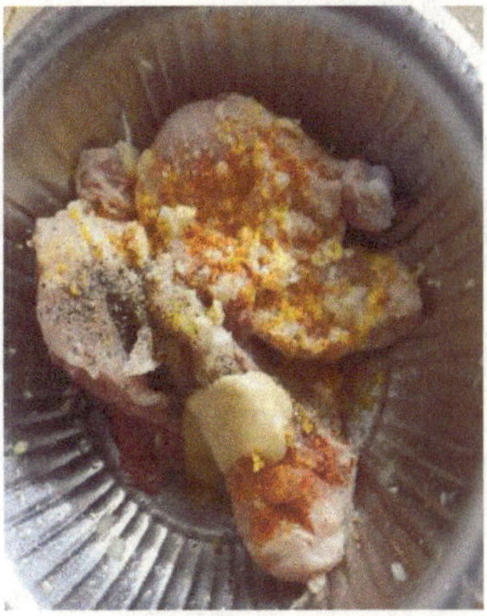

Etape 4

Bien malaxer le poulet et laisser reposer 30 minutes de préférence au réfrigérateur.

Etape 5

Découper les oignons en lamelles et les mettre dans un bol. Ajouter une bonne pincée de poivre, de cube, de sel, le reste du mélange poivron et feuilles d'oignons. Mettre le jus de citron, la moutarde et le reste d'ail râpé. Mélanger et réserver.

Etape 6

Faire chauffer de l'huile dans une marmite et frire les morceaux de poulet, jusqu'à ce qu'ils soient bien dorés.

Ajouter les oignons marinés, remuer et laisser 2 minutes.

Etape 7

Ajouter par la suite, 1 verre d'eau, les piments frais, le reste du cube et du jus de citron, remuer et couvrir. Laisser mijoter 15 minutes à feu moyen.

Etape 8

Goûter, rectifier l'assaisonnement et laisser 5 minutes sur un feu doux.

Servir avec le mou ni biaga.

## 3. Mercredi : Soupe de poulet

**Description du plat**

Le bouillon de poulet africain est très délicieux avec du riz ou de l'attiéké.

## Ingrédients pour 4 personnes

1 poulet africain/ pondeuse

2 oignons

2 tomates

3 gousses d'ail

Une poignée de piment frais

2 cuillères à soupe de tomates concentrées

Huile-poivre-sel- cube poulet (facultatif)

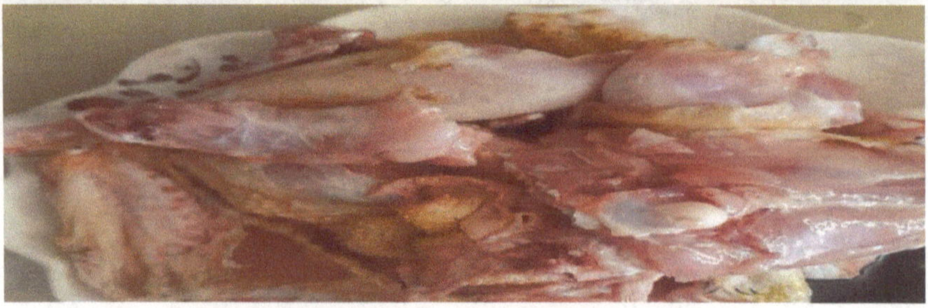

## Préparation

Etape 1

Nettoyer et laver les ingrédients.
Râper ou hacher les gousses d'ail et un oignon puis découper l'autre en 4.

Etape 2

Mettre les morceaux de poulet dans une marmite. Assaisonner avec une pincée de sel, de poivre et de cube. Fermer et déposer sur un feu vif pendant 5 minutes.

Etape 3

Renverser le poulet et son bouillon dans une cuvette puis réserver.
Remettre la marmite au feu et faire chauffer environ 6 cuillères à soupe d'huile. Ajouter l'ail, remuer 5 secondes, ajouter l'oignon râpé, remuer 5 secondes et ajouter la pâte de tomates puis remuer le tout pendant 1 minute.
Ensuite, rajouter le poulet et son jus, remuer , fermer et laisser 2 minutes.

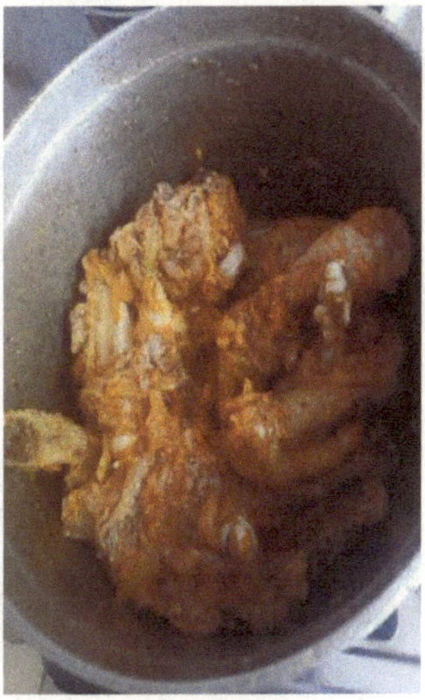

Etape 4

Ajouter environ 1,5 litres d'eau. Remuer et mettre les tomates, l'oignon et les piments. Fermer et laisser bouillir 15 minutes à feu moyen.

Etape 5

Retirer les tomates, l'oignon, quelques piments et écraser, puis renverser dans la sauce.

Ajouter le sel, une demi-cuillère à café de poivre et le cube maggi poulet. Refermer ensuite la marmite et laisser mijoter 30 minutes à feu moyen.

Etape 6

Goûter, rectifier l'assaisonnement et laisser sur un feu doux pendant 10 minutes.

Servir avec du riz chaud ou de l'attiéké.

## 4. Jeudi : Poisson sauté ou poulet sauté

**Description des plats**

Le poisson frit, sauté à l'oignon, à la tomate...ou le poulet frit sauté est très savoureux avec de l'attiéké.

## a. Poisson sauté

### Ingrédients pour 4 personnes

2 poissons/ carpes moyens

2 oignons

2 tomates

1 concombre

1poignée de piments frais

Huile-poivre-sel- cube (facultatif)

## Préparation

Etape 1

Bien laver les poissons et les autres ingrédients.
Frire les poissons dans de l'huile bien chaude et réserver.

Etape 2

Ensuite, découper les oignons en lamelles, les tomates, le concombre et les piments frais en dés.

Etape 3

Mettre tous les légumes dans un bol. Ajouter une cuillère à café de poivre, une pincée de sel, un cube tablette et mélanger le tout.

Etape 4

Renverser la moitié des légumes dans une marmite, étaler et disposer les poissons dessus.

Etape 5

Recouvrir les morceaux de poisson du reste des légumes et arroser le tout avec une louche d'huile.

Fermer et déposer sur un feu moyen pendant 15 minutes.

Etape 6

Goûter, rectifier l'assaisonnement et c'est prêt.

Servir avec de l'attiéké.

## b. Poulet sauté

**Ingrédients pour 2 personnes**

2 gros morceaux de poulet

2 oignons

2 tomates

1 concombre

1 poignée de piments frais

Huile-poivre-sel- cube maggi tablette (facultatif)

## Préparation

Etape 1

Bien laver le poulet et les autres ingrédients.

Mettre les morceaux de poulet dans une marmite. Ajouter une pincée de poivre, une pincée de sel, de cube et l'ail râpé. Bien mélanger le tout, fermer et déposer sur un feu moyen pendant 10 minutes.

Etape 2

Retirer les morceaux de poulet et les faire frire dans de l'huile bien chaude puis réserver.

Etape 3

Ensuite, découper Les oignons en lamelles, les tomates, le concombre et les piments frais en dés.

Mettre tous les légumes dans un bol. Ajouter une demi-cuillère à café de poivre, une pincée de sel, le cube tablette et mélanger.

Etape 4

Renverser la moitié des légumes dans une marmite, étaler et disposer les morceaux de poulet dessus.

Etape 5

Couvrir le poulet du reste des légumes et arroser le tout avec une louche d'huile. Fermer et déposer sur un feu moyen pendant 15 minutes.

Etape 6

Goûter pour rectifier l'assaisonnement.

Servir avec de l'attiéké ou du spaghetti.

## 5. Vendredi : Ragoût mixte

**Description du plat**

C'est un ragoût composé de bananes plantain mûres, d'igname et de pommes de terre. Son goût sucré salé le rend particulier et délicieux.

**Ingrédients pour 3 personnes**

3 pommes de terre

1 petite igname

3 bananes plantain mûres

1/2 kg de poulet

1 gros oignon

1 tomate

2 gousses d'ail

1 cuillère à soupe de tomates concentrées

Huile-poivre-piment-sel-cube (facultatif)

## Préparation

Etape 1

Nettoyer et laver les ingrédients. Découper les bananes en rondelles, les pommes de terre et l'igname en gros dés. Râper les gousses d'ail, découper le poulet, l'oignon et les tomates en dés également.

Etape 2

Mettre les morceaux de poulet dans un bol. Saler et poivrer. Chauffer de l'huile dans une marmite et frire le poulet jusqu'à ce qu'il soit doré.

Etape 3

Mettre l'ail, remuer quelques secondes. Ajouter l'oignon, remuer puis mettre la tomate et la pâte de tomates. Remuer le tout pendant 1 minute.

Etape 4

Mettre environ 1 litre d'eau. Ajouter ensuite, les morceaux d'ignames, de pommes et de bananes. Mettre une demi-cuillère à café de poivre, du sel, les piments frais et un cube poulet.

Remuer délicatement le dessus, fermer et laisser cuire pendant 15 minutes, à feu moyen.

Etape 5

Goûter, rectifier l'assaisonnement et laisser à feu doux pendant 5 minutes.

Servir chaud.

## 6. Samedi : Poisson braisé ou poisson au four

**Description des plats**

Comme le poulet braisé et le poulet au four, le poisson au four et le poisson braisé sont marinés ou assaisonnés de la même manière. Cependant, ils sont respectivement cuits au four et sur du charbon ou de la braise. Ce qui donne un goût particulier à chaque poisson.

## a. Poisson braisé

**Ingrédients pour 2 personnes**

1 gros poisson

1 poivron

1 petite botte de feuilles d'oignons

2 gousses d'ail

1/4 oignon

1 cuillère à café de poivre

1 cuillère à café de moutarde

1/2 cuillère à café de piment en poudre

Huile-sel-cube (facultatif)

1 petit citron mûr

## Préparation

Etape 1

Nettoyer et laver les ingrédients. Faire des incisions sur tout le poisson et le masser avec le citron, une bonne pincée de sel, puis réserver.

N.B : Bien saler car le sel permet de relever le goût de l'assaisonnement.

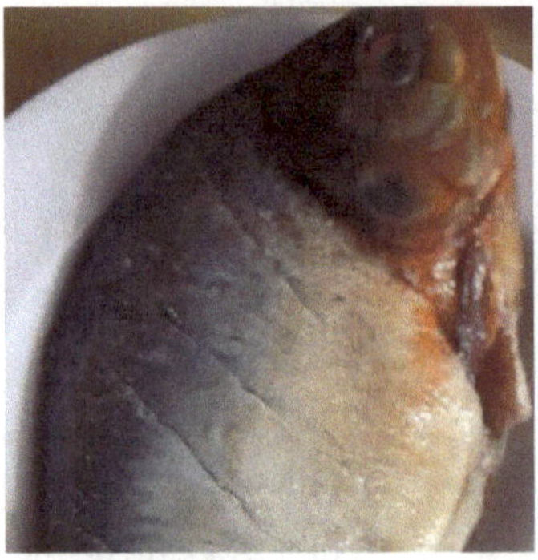

Etape 2

Piler le poivron et les feuilles d'oignons. Râper l'oignon et les gousses d'ail. Les mettre tous dans un bol. Ajouter le poivre, le piment, une pincée de sel, la moutarde, une cuillère à soupe d'huile et un cube maggi tablette. Bien mélanger le tout.

Etape 3

Bien masser le poisson avec le mélange en mettant dans les incisions. Laisser reposer 15 minutes au réfrigérateur.

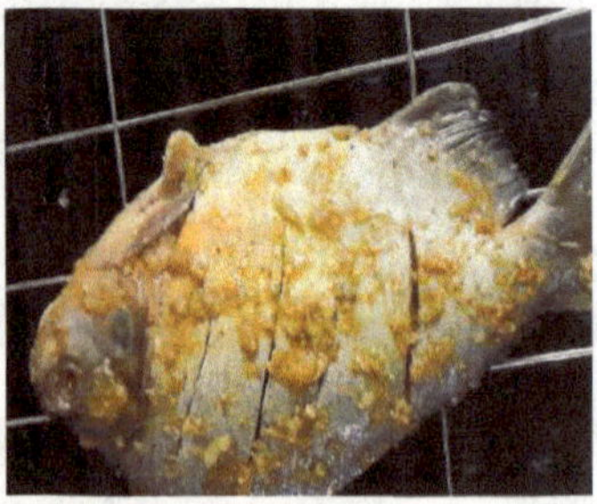

Etape 4

Déposer le poisson sur une grille et poser le tout sur des braises dans un fourneau.

N.B : Il faut prendre le soin d'essuyer la grille avec de l'huile pour éviter que la peau du poisson ne s'y accroche. Veiller à ce que le feu ne soit pas trop vif. S'il s'enflamme au cours de la cuisson, l'arroser légèrement d'eau pour éteindre la flamme.

Etape 5

Récupérer le reste de la marinade dans le bol où il a été mariné, ajouter une petite louche d'eau. Utiliser ce jus pour arroser le poisson pendant la cuisson.

Retourner le poisson chaque 5 minutes pendant environ 30 minutes. Une fois retourné, arroser ce côté avec le reste de la marinade pendant que l'autre côté cuit sur la braise.

Etape 6

Servir avec des crudités, de l'attiéké et de la pâte de piment.

## b. Poisson au four

**Ingrédients pour 2 personnes**

1 poisson

1 poivron

1 petite botte de feuilles d'oignons

2 gousses d'ail

1/4 oignon

1 cuillère à café de poivre

1 cuillère à café de moutarde

1/2 cuillère à café de piment en poudre

Huile-sel-cube (facultatif)

1 petit citron mûr

## Préparation

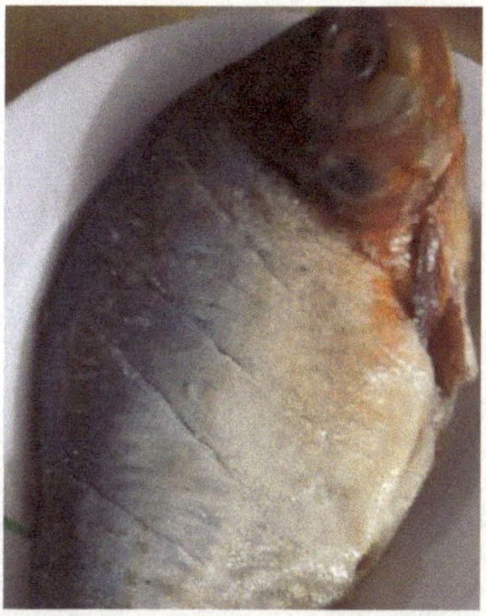

Etape 1

Nettoyer et laver les ingrédients.

Faire des incisions sur tout le poisson et le masser avec le citron, une bonne pincée de sel, puis réserver.

N.B : Bien saler car le sel permet de relever le goût de l'assaisonnement.

Etape 2

Piler le poivron et les feuilles d'oignons. Râper l'oignon et les gousses d'ail. Les mettre tous dans un bol. Ajouter le poivre, le piment, une pincée de sel, la moutarde, une cuillère à soupe d'huile et un cube maggi tablette. Bien mélanger le tout.

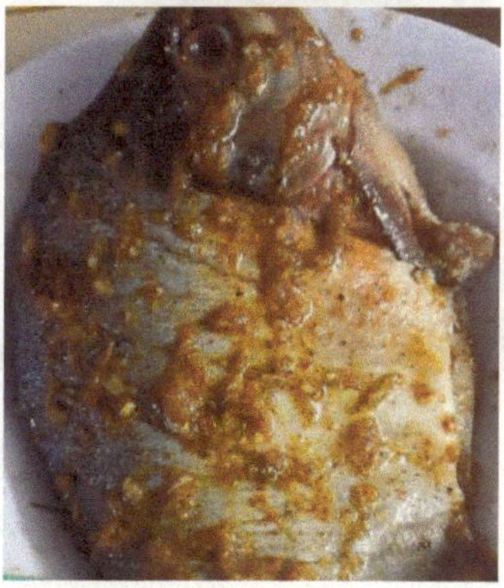

Etape 3

Bien masser le poisson avec le mélange en mettant dans les incisions. Laisser reposer 15 minutes au réfrigérateur.

Déposer le poisson sur la grille du four et enfourner dans le four préchauffé à 150 degré, pendant au moins 30 minutes.

N.B : Si c'est un four à gaz, le préchauffer pendant 10 à 15 minutes. Et vérifier la cuisson toutes les 15 minutes.

Etape 4

Il faut prendre le soin d'essuyer la grille avec de l'huile pour éviter que la peau du poisson ne s'y accroche.

Récupérer le reste de la marinade dans le bol où il a été mariné, ajouter une petite louche d'eau. Utiliser ce jus pour arroser le poisson pendant la cuisson.

Etape 5

Servir avec des crudités, de l'attiéké et de la pâte de piment.

## 7. Dimanche : Lacrou à la viande ou lacrou au poisson

**Description du plat**

La boulette de poisson et la boulette de viande sont généralement appelées lacrou, par le peuple Malinké, en Côte d'ivoire. Ces boulettes sont faites manuellement dans un mortier.

## a. Lacrou à la viande

**Ingrédients pour 4 personnes**

1 kg de viande de bœuf

3 oignons

2 tomates

3 gousses d'ail

1 demi-tasse de farine

1 cuillère à soupe de pâte d'arachide

2 cuillères à soupe de tomates concentrées

1 demi-cuillère à café de piment en poudre

Huile-piment-poivre-sel- cube maggi (facultatif)

## Préparation

Etape 1

Nettoyer et laver les ingrédients. Ensuite découper grossièrement la viande, un demi-oignon, la moitié d'une tomate et deux gousses d'ail.

Etape 2

Mettre le tout dans un mortier. Ajouter la farine, la pâte d'arachide, le piment en poudre, une demi-cuillère à café de poivre, une pincée de sel et un demi cube maggi tablette.

Etape 3

Piler jusqu'à l'obtention d'une pâte. Mettre ensuite, un peu d'huile ou de farine dans la main pour former des boules.
Faire chauffer de l'huile dans une poêle. Frire les boulettes quand l'huile est bien chaude et réserver.

Etape 4

Pendant ce temps, découper les oignons en lamelles, le reste des tomates en dés et râper l'ail.

Verser l'huile de friture des boulettes dans une marmite. Quand elle est chaude, mettre l'ail et remuer 5 secondes, ensuite l'oignon, remuer 10 secondes et ajouter la tomate puis la pâte de tomates, remuer et laiiser 1 minute.

Etape 5

Ajouter les boulettes, un demi verre d'eau, la moitié du cube, une pincée de sel, une pincée de poivre et les piments frais. Remuer, fermer et laisser mijoter à feu moyen pendant 15 minutes.

Etape 6

Servir avec du pain, du spaghetti ou de l'attiéké.

## b. Lacrou au poisson

### Ingrédients pour 4 personnes

1 poisson

3 oignons

2 tomates

3 gousses d'ail

1 demi-tasse de farine

1 cuillère à soupe de pâte d'arachide

2 cuillères à soupe de tomates concentrées

1 demi-cuillère à café de piment en poudre

Huile-piment-poivre-sel- cube maggi (facultatif)

## Préparation

Etape 1

Nettoyer et laver les ingrédients. Ensuite découper un demi-oignon, la moitié d'une tomate, une gousse d'ail et couper la tête du poisson.

Etape 2

Piler le poisson dans un mortier et enlever toutes les arêtes qui apparaissent.

N.B : Assembler les arêtes et les frire si vous aimer les croquer.

Etape 3

Ajouter la farine, la pâte d'arachide, le piment en poudre, une demi-cuillère à café de poivre, une pincée de sel et un demi-cube maggi tablette.

Etape 4

Piler le tout pour avoir une pâte homogène. Et mettre un peu d'huile dans la main pour former des boules.

Faire chauffer de l'huile dans une poêle et frire les boulettes quand l'huile est bien chaude puis réserver.

Etape 5

Pendant ce temps, découper les oignons en lamelles, le reste de tomates en dés et râper l'ail.
Verser l'huile de friture des boulettes dans une marmite. Quand elle est chaude, mettre l'ail et remuer 5 secondes, ensuite l'oignon, remuer 10 secondes et ajouter la tomate puis la pâte de tomates. Remuer et laisser 1 minute.

Etape 6

Ajouter les boulettes, un demi-verre d'eau, la moitié du cube, une pincée de sel, une pincée de poivre et les piments frais. Remuer, fermer et laisser mijoter à feu moyen pendant 15 minutes.

Etape 6

Servir avec du pain, du spaghetti ou de l'attiéké.

## Chapitre IV : Goûter/amuse-bouche

### 1. saucisson d'œuf

**Description du plat**

Des œufs frais, assaisonnés et cuits dans de l'eau bouillante donnent l'apparence d'un saucisson.

**Ingrédients pour 3 personnes**

5 œufs

1 tomate

1 demi-oignon

1 cuillère à soupe de concentré de tomates

Poivre- sel-cube (facultatif)

## Préparation

Etape 1

Laver les ingrédients. Découper l'oignon en petits dés et bien écraser la tomate.

Etape 2

Dans un bol, casser les œufs et ajouter l'oignon, la tomate, le concentré de tomate, une pincée de poivre, une pincée de poivre puis un demi - cube maggi tablette. Mélanger le tout.

Etape 3

Dans un sachet, renverser le mélange, attacher et réserver.
Mettre de l'eau dans un récipient et porter à ébullition. Dès que l'eau commence à bouillir, plonger le sachet et laisser cuire 25 à 30 minutes à feu moyen.

Etape 4

Retirer le sachet, laisser refroidir et détacher pour enlever votre saucisson.
Déguster avec du pain, de la mayonnaise et du ketchup.

## 2. Boulettes d'igname bouillie

**Description du plat**

Ce plat est obtenu en faisant frire des boulettes d'igname, préalablement cuite dans de l'eau.

**Ingrédients pour 3 personnes**

1 igname

1 œuf

1 quart d'oignon

1/2 tomate

1 gousse d'ail

1 piment

1 demi-cuillère à café de poivre

4 cuillères à soupe de farine

Huile- sel-cube (facultatif)

## Préparation

Etape 1

Découper l'igname, bien laver et mettre dans une marmite contenant de l'eau puis porter à ébullition pendant 15 minutes.

Etape 2

Pendant ce temps, découper en petits dés l'oignon, la tomate puis hacher l'ail et le piment frais. Séparer le jaune du blanc d'œuf.

Etape 3

Une fois l'igname cuite, égoutter et écraser.
Ajouter l'oignon, la tomate, l'ail, le piment, le poivre, le jaune d'œuf, une pincée de sel et un demi-cube maggi tablette.

Etape 4

Bien mélanger le tout et former des boules.

Etape 5

Battre le blanc d'œuf et y tremper chaque boule pour ensuite tremper dans la farine.

Etape 6

Faire chauffer de l'huile dans une poêle. Frire les boulettes quand l'huile est chaude.

Etape 7

Servir avec une pâte de piment.

## 3. Gâteau au coco

**Description du plat**

Le gâteau au coco est fait à base de coco râpé et de farine de blé.

**Ingrédients pour 3 personnes**

1 coco sec

2 tasses de farine de blé

1 demi- tasse de sucre

1 sachet de sucre valiné

2 tasses d'huile

## Préparation

Etape 1

Râper le coco. Ensuite, ajouter le sucre et le sucre valiné. Bien malaxer avec la main avant d'ajouter la farine. Pétrir le tout pour obtenir une pâte dure ou compacte. N'hésiter pas de rajouter de la farine si nécessaire.

Etape 2

Aplatir la pâte et lui donner des formes.

Etape 3

Faire chauffer de l'huile dans une poêle et frire les gâteaux à feu moyen. Remuer régulièrement jusqu'à ce qu'ils soient dorés.

Etape 4

Déguster froid ou tiède.

## 4. Sosso froufrou

**Description du plat**

Ce sont des beignets faits avec des haricots blancs.

**Ingrédients pour 3 personnes**

1/2 kg de haricots blancs

1/4 oignon

1 gingembre

1 gousse d'ail

2 piments secs

Huile-sel-poivre-cube maggi poulet (facultatif)

## Préparation

Etape 1

Laver les ingrédients et tremper le haricot dans de l'eau pendant au moins 4 heures.

Etape 2

Concasser le haricot dans un mortier ou un mixeur pour pouvoir retirer la peau.
Rincez jusqu'à ce qu'il soit bien propre.

Etape 3

Mettre le haricot dans un mixeur. Ajouter l'oignon, l'ail, les piments et mixer le tout. Mettre une pincée de sel, une demi-cuillère à café de poivre et un demi-cube poulet puis mélanger.
N.B : à ce stade, vous pouvez ajouter un œuf frais, selon vos préférences.

Etape 4

Faire chauffer de l'huile dans une poêle. Quand l'huile est bien chaude, utiliser une cuillère pour servir et frire les beignets sur un feu moyen. Remuer régulièrement jusqu'à obtenir une belle couleur.

Etape 5

Servir avec une pâte de piment.

## 5. Gaounré

**Description du plat**

Le Gaounré en Moré, au Burkina, est également fait à base de haricots blancs mais cuit à la vapeur.

**Ingrédients pour 3 personnes**

1/4 kg de haricots blancs

1/2 oignon

1 gingembre

2 gousses d'ail

2 piments frais

Huile-sel-poivre-potasse-cube maggi poulet (facultatif)

## Préparation

Etape 1

Laver les ingrédients et tremper le haricot dans de l'eau pendant au moins une demi-journée.

Etape 2

Concasser le haricot dans un mortier ou un mixeur. Puis, rincez abondamment avec de l'eau pour enlever le maximum de la peau et jusqu'à ce qu'il soit bien propre.

Etape 3

Mettre le haricot dans un mixeur. Ajouter l'oignon, l'ail, les piments, le gingembre et mixer le tout. Mettre ensuite, une pincée de sel, de potasse, une demi-cuillère à café de poivre et un demi-cube poulet ; puis mélanger.

Etape 4

Mettre la pâte dans des moules ou des sachets ou encore des feuilles de bananier ; et les faire cuire à la vapeur, dans un couscoussier pendant 30 à 35 minutes.

N.B : couvrir les moules avec un sachet avant de refermer le tout avec le couvercle du couscoussier.

Etape 5

Servir froid, avec de l'huile et du piment en poudre ; ou avec une petite sauce piquante.

## 6. Cake facile

**Description du plat**

C'est un gâteau fait au four et facile à réaliser.

**Ingrédients pour 4 personnes**

1 tasse de farine

1 pot de yaourt vanille

1 demi- tasse de sucre

1 demi- tasse d'huile

3 œufs

1 sachet de sucre valiné

1 sachet de levure chimique

1 cuillère à café de beurre

1 pincée de sel

## Préparation

Etape 1

Casser les œufs dans un bol. Ajouter le sucre et le sucre valiné. Bien battre le tout.

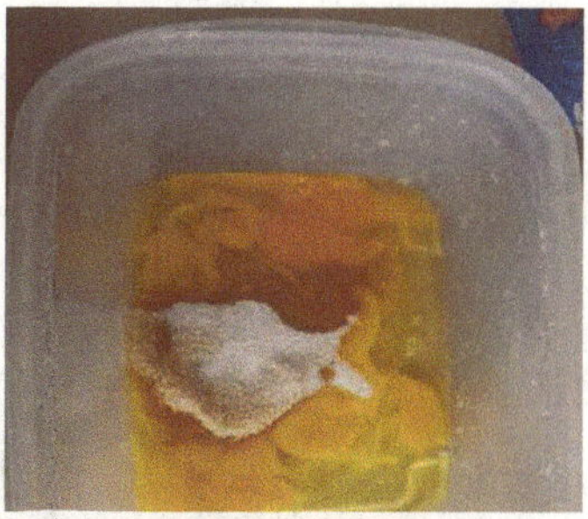

Etape 2

Ajouter l'huile et le yaourt dans le mélange et bien remuer.

Mettre la farine la levure chimique et une pincée de sel. Puis battre pour avoir une pâte lisse et pas trop liquide.

Etape 3

Beurrer un moule. Renverser la pâte dans ce moule et mettre dans un four préchauffé à 170 degrés, pendant 30 à 35 minutes.

N.B : Si c'est un four à gaz, le préchauffer pendant au moins 10 minutes avant.

Etape 4

Servir froid

## 7. Claclo

**Description du plat**

Le claclo, en Côte d'ivoire, est fait avec de la purée de la banane plantain bien mûre. Ce sont des beignets simples et facile à faire.

**Ingrédients pour 3 personnes**

De la banane plantain bien mûre et molle

1/4 oignon

1 demi- tasse de farine

Huile- sel

## Préparation

Etape 1

Enlever la peau des bananes et bien les écraser dans un mortier.

Etape 2

Découper l'oignon en petits dés et mettre dans la pâte. Ajouter la farine et une bonne pincée de sel. Mélanger et réserver.

Etape 3

Faire chauffer de l'huile dans une poêle. Quand l'huile est bien chaude, former des boules avec la main ou une cuillère et les frire. Réduire le feu et retourner régulièrement pour avoir une belle couleur.

Etape 4

Servir avec de la pâte de piment.

## 8. Pain perdu

**Description du plat**

Il est fait avec du pain dur ou "pain godio", en Côte d'ivoire, frit dans de l'huile chaude.

**Ingrédients pour 3 personnes**

1 pain dur/ pain godio

2 cuillères à soupe de sucre

6 cuillères à soupe de lait liquide

1 œuf

1 bol d'huile

## Préparation

Etape 1

Casser l'œuf dans le lait, ajouter le sucre et mélanger.

Etape 2

Découper le pain et tremper chaque morceau dans le mélange, puis réserver.

Etape 3

Faire chauffer l'huile et frire les morceaux de pain.

Etape 4

Servir tiède.

## 9. Gbofloto

**Description du plat**

Ce sont des beignets sucrés faits avec de la farine de blé. On en trouve souvent en bordure des routes en Côte d'ivoire.

**Ingrédients pour 3 personnes**

1 tasse de farine

2 cuillères à soupe de sucre

1 cuillère eà soupe de levure boulangère

1 cuillère à soupe de levure chimique

1/2 cuillère à café de sucre valiné

1/2 verre d'eau tiède

1 petite pincée de sel

## Préparation

Etape 1

Dans un bol, mettre le sucre, la levure boulangère et l'eau tiède. Remuer et laisser reposer 2 minutes.

Etape 2

Ajouter la farine, la levure chimique, le sucre valiné et le sel. Bien battre pour avoir une pâte ni trop liquide ni trop compacte.

Fermer avec un torchon et laisser reposer environ 1h30 à 2 heures.

Etape 3

Faire chauffer de l'huile dans une poêle, sur un feu moyen. Former des petites boules dans la main et les frire. Remuer régulièrement pour obtenir une belle coloration.

Servir tiède.

## CONCLUSION

Nous espérons que ces recettes vous seront d'une grande utilité tant dans votre famille, vos cérémonies qu'entre amis.

Ce livret de recettes vous donne une certaine base dans la cuisine.

Appropriez-vous des recettes et faites-en ce que vous voulez ; mettez dans vos préparations des crabes, des escargots, des champignons, tout ce que vous aimez et faites-vous plaisir.

Soyez proche de votre cuisine, surveillez régulièrement vos préparations pour éviter les surprises désagréables et cuisinez avec amour et curiosité.

Comme l'a dit Chef Sofia du Maroc, il faut prendre plaisir à cuisiner et vos invités vont prendre plaisir à manger.

# TABLE DES MATIERES

Kolibri 360 GmbH
Ferdinand-Jühlke-Straße 7
99095 Erfurt, Deutschland
produktsicherheit@kolibri360.de

Druck:
CPI Druckdienstleistungen GmbH
im Auftrag der
Kolibri 360 GmbH
Ferdinand-Jühlke-Str. 7
99095 Erfurt